石油石化企业劳动防护用品系列口袋书

# 基础知识

中国石油化工集团公司安全监管局
中国石油化工集团公司劳动防护用品检测中心　组织编写

中国石化出版社

## 内 容 提 要

本书是《石油石化企业劳动防护用品系列口袋书》丛书之一，主要针对石油石化企业劳动防护用品基础知识进行描述。

本书采用漫画与文字相结合的形式，对石油石化企业主要面临的职业危害因素，劳动防护用品的定义、分类、主要法律法规、使用注意事项以及使用维护保养报废等知识进行描述，图文并茂，非常适合作为企业一线员工的培训教材。

**图书在版编目（ＣＩＰ）数据**

石油石化企业劳动防护用品系列口袋书. 基础知识 / 中国石油化工集团公司安全监管局, 中国石油化工集团公司劳动防护用品检测中心组织编写. —北京：中国石化出版社，2018.6（2019.10 重印）

ISBN 978-7-5114-4882-8

Ⅰ.①石… Ⅱ.①中… ②中… Ⅲ.①石油企业 – 个体保护用品 Ⅳ.① X924.4

中国版本图书馆 CIP 数据核字 (2018) 第 096822 号

### 中国石化出版社出版发行

地址：北京市东城区安定门外大街 58 号
邮编：100011　电话：(010) 57512500
发行部电话：(010) 57512575
http://www.sinopec-press.com
E-mail:press@sinopec.com
北京富泰印刷有限责任公司印刷
全国各地新华书店经销

\*

787×1092 毫米 32 开本 1.75 印张 29 千字
2018 年 8 月第 1 版　2019 年 10 月第 3 次印刷
定价：20.00 元

# 《基础知识》编委会

主　　编：杨　雷　　任晓辉

副 主 编：于新民　　盛　华

编写人员：杨　雷　　任晓辉　　于新民　　盛　华
　　　　　刘灵灵　　姚　磊　　孙少光　　金业海
　　　　　张文沛　　刘桂法　　沈绍军　　孙民笃
　　　　　单国良　　解用明　　李淑霞　　胡馨云
　　　　　范　荣　　熊敏敏

# 序

　　劳动是整个人类生活的第一个基本条件，它既是人类社会从自然界独立出来的基础，又是人类社会区别于自然界的标志。由于安全是人的最基本的生理需求，所以自生产劳动之始，劳动保护措施和劳动防护用品就应运而生，这是古代劳动人民对生产劳动中无数次血的教训的总结。我国在西周至西汉时期采矿和炼铜业已相当发达，在巷道支护、矿石运输、通风、排水等各个方面都采取了安全措施，如采用了框架式支护技术防止冒顶片帮。北宋建筑学家喻皓主持建造11层的汴京开宝寺塔时，每一层都设置一帷幕，起到了安全网的作用。第一次工业革命以后，广泛的生产机械化对劳动保护提出了更高要求，而我国这一时期的劳动保护工作随着社会整体生产水平一起远远落后于西方国家。

　　改革开放以来，我国社会生产力不断快速发展，劳动保护工作愈来愈得到重视，伴随而来的是市场上劳动防护用品种类、性能、质量、舒适性等都在飞速进步。不管是国际知名品牌的劳动防护用品，还是我国自主品牌的劳动防护用品，为最大程度发挥保护作用，都针对员工的具体工作环境，向着所需防护功能集合化、智能化发展。这就对员工选择、使用、维护保养防护用品提出了更高要求。目前，我国劳动保护工作与世界发达国家存在差距，很重要的一部分就是对员工的基础培训不到位，能够正确选择、使用、维护保养防护用品的员工在全部劳动者中占比偏低，这成为了劳动保护工作的短板。

石油石化行业危险性高，危害因素复杂，是需要落实劳动保护工作的重点领域。鉴于此，中国石油化工集团公司安全监管局会同劳动防护用品检测中心组织人员编写了《石油石化企业劳动防护用品系列口袋书》。本系列口袋书按照劳动防护用品的分类进行编写，对目前员工常用的劳动防护用品的相关知识进行描述，主要包括劳动防护用品的选用原则、正确使用方法、维护保养方法、使用周期、相关标准以及具体案例，并配以简单易懂的图片，方便劳动者理解和使用。

希望本系列口袋书能够为石油石化行业劳动者合理选择使用劳动防护用品提供指导和帮助，更好地保护劳动者的生命安全和健康。

# 前　言

　　石油石化企业中，职工从事石油与天然气勘探开发、开采、管输、销售和石油炼制、石油化工、化纤、化肥及其他化工生产等业务，涉及岗位多，现场作业环境恶劣，流动性大，多处于盐碱滩地、沙漠、海上等人烟稀少的地区，导致职工工作面临众多职业危害因素，如高空作业危害、机械设备危害等。在作业过程中，必须做好全方位的劳动防护，避免事故发生。

　　2015 年 12 月，国家安全监管总局办公厅下发的《用人单位劳动防护用品管理规范》，将劳动防护用品按照防护部位的不同分为了十大类。目前，石油石化企业中各类劳动防护用品已达到了全员配备，要确保各类劳动防护用品的防护效果，必须使职工在开始作业之前就全面掌握自身的风险和危害以及各类劳动防护用品的基本知识。

　　为了让职工对劳动防护用品的相关知识及使用方法、使用要求有更为全面的了解，我们编写了本书。书中配有众多插图以便于读者学习。本书旨在为大家解答以下问题：

- 石油石化企业存在哪些职业危害?

- 劳动防护用品是如何定义的?分为哪些类别?

- 劳动防护用品的管理要求有哪些?

- 如何正确选用劳动防护用品?

- 劳动防护用品在使用过程中应注意哪些事项?

- 劳动防护用品的检测规定有哪些?

- 劳动防护用品在什么情况下应当报废?

# 目　录

# 1 石油石化企业存在的职业危害因素

　　石油、天然气勘探开采行业多为野外流动作业，工作环境较为恶劣，同时又接触不同类型的生产性粉尘、噪声、振动、高空坠物、化学毒物等危害因素。石油化工行业接触的原料、中间体、副产品和催化剂、添加剂种类很多，生产工艺复杂，工作场所具有易燃易爆、有毒或腐蚀等特点。

　　石油石化企业基于上述特点，存在的主要危害因素包括物体打击、车辆伤害、机械伤害、起重伤害、触电、淹溺、灼烫、高处坠落、坍塌、火药爆炸、锅炉爆炸、容器爆炸、中毒和窒息等。

物体打击

车辆伤害

机械伤害

起重伤害

电击

淹溺

灼烫

坠落

坍塌

火药爆炸

容器爆炸

中毒窒息

# 2

## 劳动防护用品的分类

　　劳动防护用品指由用人单位为劳动者配备的，使其在劳动过程中免遭或者减轻事故伤害及职业病危害的个体防护装备。劳动防护用品分为十类，见下图所示。

①头部防护用品
②呼吸防护用品
③眼面部防护用品
④听力防护用品
⑤手部防护用品
⑥足部防护用品
⑦躯干防护用品
⑧坠落防护用品
⑨护肤用品
⑩其他劳动防护用品

## 石油石化企业常用的劳动防护用品如下:

### 头部防护用品

  1. 安全帽

  2. 防寒安全帽

  3. 普通单工帽

  4. 单工帽(带网)

  5. 普通防寒帽

  6. 护肩帽

### 呼吸防护用品

  1. 防颗粒物口罩

  2. 防毒面具

## 眼面部防护用品

1. 防强光紫外线红外线护目镜
2. 防异物伤害护目镜
3. 放射线护目镜
4. 防酸护目镜
5. 电焊面罩

## 听力防护用品

1. 耳塞
2. 耳罩

## 手部防护用品

1. 线手套
2. 防滑单手套
3. 防滑防寒手套
4. 耐油手套
5. 焊工手套
6. 防化学品手套
7. 防切割手套

## 足部防护用品

1. 防砸滑刺耐油单工作鞋（高、中、低帮）

2. 防砸滑刺耐油防寒工作鞋（高、中、低帮）

3. 防静电耐油防滑单工作鞋（高、中、低帮）

4. 防静电耐油防滑防寒工作鞋（高、中、低帮）

5. 防砸防静电耐油单工作鞋（高、中、低帮）

6. 防砸防静电耐油防寒工作鞋（高、中、低帮）

7. 防砸耐化学品工作鞋

8. 绝缘单工作鞋

9. 绝缘防寒工作鞋

10. 一般防护工作鞋

11. 一般防护防寒工作鞋

12. 耐化学品雨靴

13. 防砸耐化学品雨靴

## 躯干防护用品

1. 夏季防静电抗油拒水防护服
2. 春秋防静电抗油拒水防护服
3. 冬季防静电抗油拒水防护服
4. 夏季防静电防护服
5. 春秋防静电防护服
6. 冬季防静电防护服
7. 防静电阻燃防护服
8. 防尘防静电防护服
9. 焊接防护服
10. 防放射服
11. 绝缘服
12. 防酸碱耐油防护服
13. 防静电羊毛衫羊毛裤

14. 警示背心
15. 警示服
16. 防寒背心
17. 防寒短大衣
18. 皮工服（棉）
19. 雨衣
20. 白大褂
21. 救生衣
22. 救生圈
23. 防寒救生衣

## 坠落防护用品

  1. 安全带

  2. 防坠器（含缓冲安全带尾绳）

## 护肤用品

  1. 防冻裂保护剂（霜液）

  2. 防晒保护剂（霜液）

  3. 避蚊剂

## 其他劳动防护用品

  1. 护膝、护肘、围脖

  2. 橡胶围裙

  3. 毛巾

  4. 肥皂

  5. 洗涤剂

  6. 防蚊虫罩

  7. 卫生巾

# 3 劳动防护用品的管理要求

根据国家相关法规和规范，对劳动防护用品的管理要求如下：

（1）生产经营单位必须为从业人员提供符合国家标准或者行业标准的劳动防护用品，并监督、教育从业人员按照使用规则佩戴、使用。（《中华人民共和国安全生产法》第四十二条）

（2）从业人员在作业过程中，应当严格遵守本单位的安全生产规章制度和操作规程，服从管理，正确佩戴和使用劳动防护用品。（《中华人民共和国安全生产法》第五十四条）

（3）用人单位必须采用有效的职业病防护设施，并为劳动者提供个人使用的职业病防护用品。用人单位为劳动者个人提供的职业病防护用品必须符合防治职业病的要求；不符合要求的，不得使用。（《中华人民共和国职业病防治法》第二十三条）

（4） 用人单位应按照识别、评价、选择的程序，结合劳动者作业方式和工作条件，并考虑其个人特点及劳动强度，选择防护功能和效果适用的劳动防护用品。（《用人单位劳动防护用品管理规范》第十一条）

（5） 用人单位应当在可能发生急性职业损伤的有毒、有害工作场所配备应急劳动防护用品，放置于现场邻近位置并有醒目标识。用人单位应当为巡检等流动性作业的劳动者配备随身携带的个人应急防护用品。（《用人单位劳动防护用品管理规范》第十四条）

（6） 用人单位应当督促劳动者在使用劳动防护用品前，对

劳动防护用品进行检查，确保外观完好、部件齐全、功能正常。（《用人单位劳动防护用品管理规范》第二十一条）

(7) 劳动防护用品应当按照要求妥善保存，及时更换。公用的劳动防护用品应当由车间或班组统一保管，定期维护。（《用人单位劳动防护用品管理规范》第二十三条）

(8) 用人单位应当对应急劳动防护用品进行经常性的维护、检修，定期检测劳动防护用品的性能和效果，保证其完好有效。（《用人单位劳动防护用品管理规范》第二十四条）

(9) 安全帽、呼吸器、绝缘手套等安全性能要求高、易损耗的劳动防护用品，应当按照有效防护功能最低指标和有效使用期，到期强制报废。（《用人单位劳动防护用品管理规范》第二十六条）

# 4

# 劳动防护用品的选用要求

## 4.1 劳动防护用品选用流程

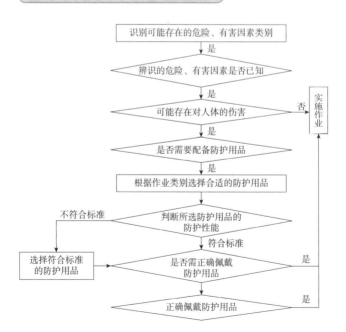

识别可能存在的危险、有害因素类别

是

辨识的危险、有害因素是否已知

是

可能存在对人体的伤害 —— 否 —— 实施作业

是

是否需要配备防护用品

是

根据作业类别选择合适的防护用品

不符合标准 —— 判断所选防护用品的防护性能

符合标准

选择符合标准的防护用品 —— 是否需正确佩戴防护用品 —— 是

是

正确佩戴防护用品 —— 是

防小哥：你知道我们目前从事的作业场所存在的危险有害因素么？

护小妹：知道，根据咱们的作业环境特点，咱们的危害因素主要有高空坠落的危害。

防小哥：那它都会对我们造成什么伤害呢？

护小妹：如果发生高空坠落，容易使我们摔伤。

防小哥：那我们要佩戴好防护用品，防止发生高空坠落，我们应该配备什么防护用品呢？

护小妹：防止高空坠落应当配备坠落悬挂安全带，佩戴前一定要检查它是不是符合相关标准。

防小哥：好的，我佩戴好了，你看我戴得对么？

护小妹：非常正确，现在可以实施作业啦！

### 4.2.1 易燃易爆场所作业

★ 适用的防护用品：防颗粒物口罩、防毒面具、空气呼吸器、多功能安全鞋、阻燃防静电防护服。

★ 作业举例：接触《化学品分类和危险性公示 通则》（GB 13690—2009）中所列的具有爆炸、可燃危险性质化学品的作业。

## 4.2.2 有毒有害气体作业

★ 适用的防护用品：普通单工帽、防毒面具、空气呼吸器、防护眼镜、防化学品手套、防静电抗油拒水防护服（如有需要，可配防酸碱耐油防护服）。

★ 作业举例：接触硫化氢、刺激性气体及窒息性气体的作业。

### 4.2.3 粉尘作业

★ 适用的防护用品：安全帽、防颗粒物口罩、防尘防静电防护服。

★ 作业举例：电焊烟尘、木粉尘、硅藻土粉尘、滑石粉尘、砂轮磨尘、石灰石粉尘等粉尘的作业。

### 4.2.4 受限场所作业

★ 适用的防护用品：安全帽、防毒面具、空气呼吸器、防化学品手套、防静电抗油拒水防护服。

★ 作业举例：生产区域内封闭、半封闭的设施及场所内的作业，如管道、烟道、隧道、下水道、沟、坑、井、池、涵洞等孔道或排水系统内的作业。

### 4.2.5 噪声作业

★ 适用的防护用品：耳塞、耳罩、防护服。

★ 作业举例：涉及设备运行、机加工等作业。

### 4.2.6 高温作业

★ 适用的防护用品：安全帽、防强光、紫（红）外线护目镜或面罩、隔热防护服。

★ 作业举例：热的液体、气体对人体的烫伤，热的固体与人体接触引起的灼伤，火焰对人体的烧伤以及炽热源的热辐射对人体的伤害。

### 4.2.7　低温作业

★ 适用的防护用品：防寒鞋、防寒防静电抗油拒水防护服、防寒安全帽。

★ 作业举例：冷水作业和北方冬季露天作业等。

### 4.2.8　高处作业

★　适用的防护用品：安全帽、防砸滑刺安全鞋、安全带、防坠器、防静电抗油拒水防护服。

★　作业举例：高空安装（维修）、在高处进行工艺操作、货物堆砌等。

### 4.2.9 存在物体坠落、撞击的作业

★ 适用的防护用品：安全帽、防砸滑刺安全鞋、安全带、防坠器、防静电抗油拒水防护服。

★ 作业举例：安装施工、起重、检修现场的作业。

### 4.2.10　有碎屑飞溅的作业

★　适用的防护用品：安全帽、防冲击护目镜、防切割手套、防静电抗油拒水防护服。

★　作业举例：破碎、锤击、铸件切削、砂轮打磨、高压流体清洗。

### 4.2.11　接触使用锋利器具的作业

★　适用的防护用品：安全帽、防切割手套、防冲击护目镜、
　　防砸滑刺安全鞋、防静电抗油拒水防护服。

★　作业举例：金属加工的打毛清边。

### 4.2.12　地面存在尖利器物的作业

★　适用的防护用品：安全帽、防冲击护目镜、防刺穿鞋、防静电抗油拒水防护服。

★　作业举例：施工、检修现场。

### 4.2.13 带电作业

★ 适用的防护用品: 安全帽、防异物伤害护目镜、绝缘服（其他配件如绝缘手套、绝缘鞋等按电力行业要求配备）。

★ 作业举例: 电气设备或线路带电作业、维修等。

### 4.2.14　电离辐射作业

★ 适用的防护用品：放射防护服（其他配件如防放射性护目镜、防放射性手套等按电离辐射要求配备）。

★ 作业举例：工业探伤、使用密封放射源仪表（用于测井等）、带放射源的分析检测仪器、核子秤等作业。

### 4.2.15 吊装作业

★ 适用的防护用品：警示背心、警示服。

★ 作业举例：装卸机、龙门吊、塔吊、单臂起重机等机械作业。

## 4.2.16 焊接作业

★ 适用的防护用品：防强光、紫（红）外线护目镜或面罩、焊接防护服（含焊工手套、面罩等配件）。

★ 作业举例：管道、设备等焊接操作。

## 4.2.17 野外作业

★ 适用的防护用品：防冲击护目镜、雨靴、防砸滑刺安全鞋、防寒服、雨衣。

★ 作业举例：野外的检查、维护等。

### 4.2.18 海（水）上作业

★ 适用的防护用品：安全帽、救生衣（圈）、雨靴、防寒
   救生衣（其他未尽用品按海事部门的相关要求配备、核
   对防护用品）。

★ 作业举例：码头、船舶、海上平台等处装卸、施工作业。

# 5

# 劳动防护用品的使用要求

## 5.1 劳动防护用品的选择

### 5.1.1 总体选用原则

（1）根据国家标准、行业标准或地方标准选用。

（2）根据生产作业环境、劳动强度以及生产岗位接触有害因素的存在形式、性质、浓度（或强度）和防护用品的防护性能进行选用。

（3）穿戴要舒适方便，不影响工作。

### 5.1.2 举例——以防护鞋为例

不同防护鞋的防护功能不同，应根据不同的职业危害选择不同功能的防护鞋。

★ 安全鞋的主要功能为保护足趾，即防止重物砸伤。

保护包头

★ 电绝缘鞋用于防止触电带来的伤害。

★ 耐酸碱皮鞋用于防止具有腐蚀性的酸碱类物品的腐蚀性伤害。

### 5.2.1 总体使用原则

（1）使用前首先做外观检查，如外观有无缺陷或损坏、各部件组装是否严密、启动是否灵活等；以认定用品对有害因素防护效能的程度；

（2）严格按照《使用说明书》正确使用劳动防护用品；

（3）在性能范围内使用防护用品，不得超极限使用；不得使用未经国家指定、未经监测部门认可或经检测达不到标准要求的产品；不能随便代替，更不能以次充好。

## 5.2.2 举例——以防护服的穿戴为例

穿戴防护服装时应选择合适尺寸，不应太紧，略微宽松，此外应该闭合连接部位，如衣襟、袖口等。

劳动防护用品在使用过程中要注意定期的维护保养，使其具有符合标准要求的安全防护性能并且方便职工使用。如正压式空气呼吸器面罩长期佩戴后容易沾染油污，应定期进行清洗，以保证使用人的清洁使用和视野清晰。

# 6

## 劳动防护用品的检测规定

（1） 对国家规定应进行定期强检的绝缘鞋、绝缘手套、正压式空气呼吸器等个体劳动防护用品，应按有效防护功能最低指标和有效使用期的要求，实行强制定检；

（2） 国家未规定应定期强检的个体劳动防护用品，如安全帽、防护镜、面罩、安全带等，应按有效防护功能最低指标和有效使用期的要求，对同批次的个体劳动防护用品进行抽样检测；

（3） 检测应委托具有检测资质的部门完成，并出具检测合格报告。

# 7 劳动防护用品的报废

## 有下列情形之一的应予报废：

(1) 选用的个体防护用品技术指标不符合国家相关标准或行业标准的；

(2) 个体防护用品标识不符合产品要求或国家法律法规要求的；

（3） 个体防护用品在使用或保管储存时遭到破损或变形，影响防护功能的；

（4） 个体防护用品达到报废期限的；

（5） 所选用的个体防护用品经定期检验或抽查不合格的；

（6） 当发生使用说明中规定的其他报废条件的。

# 8 典型案例分析

**案例一** 江苏省某金属制品有限公司特别重大爆炸事故

事故经过：2014 年 8 月 2 日 7 时 34 分，位于江苏省苏州市昆山市昆山经济技术开发区的某金属制品有限公司抛光二车间发生特别重大铝粉尘爆炸事故，当天造成 75 人死亡、185 人受伤；事故报告期后，经全力抢救医治无效陆续死亡 49 人，共造成 97 人死亡、163 人受伤，直接经济损失 3.51 亿元。

事故原因：安全防护措施不落实，事故车间电气设施设备不符合《爆炸和火灾危险环境电力装置设计规范》（GB 50058—1992）规定，均不防爆，电缆、电线敷设方式违规，电气设备的金属外壳未作可靠接地。现场作业人员密集，岗位粉尘防护措施不完善，未按规定配备防静电阻燃工装等劳动保护用品，进一步加重了人员伤害。

## 案例二 某炼化公司4·7中毒事故

事故经过：2014年4月7日，某炼化公司施工人员在进行管线抢修时，发生爆燃和急性硫化氢中毒事故，爆燃导致现场作业人员4人脸部及手部轻度灼伤，急性硫化氢中毒导致1人死亡。

事故原因：

（1）未进行风险分析，盲目组织施工造成气体泄漏是事故发生的直接原因。其施工人员穿戴不合格的劳动防护用品产生静电是可能导致爆燃的原因之一。

（2）作业人员空气呼吸器佩戴不规范，面罩与头部不能完全贴合，导致作业人员吸入硫化氢中毒晕倒；在救援过程中，作业人员自行将面罩摘除，吸入高浓度硫化氢，导致死亡。

管廊爆炸

H₂S

空呼面罩未戴好